世界五千年
科技故事丛书

卢嘉锡题

世界五千年科技故事丛书

门铃又响了

无线电发明的故事

丛书主编 管成学 赵骥民

编著 刘金江 陶路

吉林出版集团｜吉林科学技术出版社

图书在版编目（CIP）数据

门铃又响了：无线电发明的故事 / 管成学，赵骥民主编.
-- 长春：吉林科学技术出版社，2012.10（2022.1 重印）
ISBN 978-7-5384-6112-1

Ⅰ.① 门… Ⅱ.① 管… ② 赵… Ⅲ.① 无线电技术－普及读物
Ⅳ.① TN014-49

中国版本图书馆CIP数据核字（2012）第156259号

门铃又响了：无线电发明的故事

主　　编	管成学　赵骥民
出 版 人	宛　霞
选题策划	张瑛琳
责任编辑	万田继
封面设计	新华智品
制　　版	长春美印图文设计有限公司
开　　本	640mm×960mm　1 / 16
字　　数	100千字
印　　张	7.5
版　　次	2012年10月第1版
印　　次	2022年1月第4次印刷

出　　版　吉林出版集团
　　　　　　吉林科学技术出版社
发　　行　吉林科学技术出版社
地　　址　长春市净月区福祉大路5788号
邮　　编　130118
发行部电话 / 传真　0431-81629529　81629530　81629531
　　　　　　　　　　81629532　81629533　81629534

储运部电话　0431-86059116
编辑部电话　0431-81629518
网　　址　www.jlstp.net
印　　刷　北京一鑫印务有限责任公司

书　　号　ISBN 978-7-5384-6112-1
定　　价　33.00元
如有印装质量问题可寄出版社调换

序 言

十一届全国人大副委员长、中国科学院前院长、两院院士

　　放眼21世纪，科学技术将以无法想象的速度迅猛发展，知识经济将全面崛起，国际竞争与合作将出现前所未有的激烈和广泛局面。在严峻的挑战面前，中华民族靠什么屹立于世界民族之林？靠人才，靠德、智、体、能、美全面发展的一代新人。今天的中小学生届时将要肩负起民族强盛的历史使命。为此，我们的知识界、出版界都应责无旁贷地多为他们提供丰富的精神养料。现在，一套大型的向广大青少年传播世界科学技术史知识的科普读物《世

界五千年科技故事丛书》出版面世了。

由中国科学院自然科学研究所、清华大学科技史暨古文献研究所、中国中医研究院医史文献研究所和温州师范学院、吉林省科普作家协会的同志们共同撰写的这套丛书，以世界五千年科学技术史为经，以各时代杰出的科技精英的科技创新活动作纬，勾画了世界科技发展的生动图景。作者着力于科学性与可读性相结合，思想性与趣味性相结合，历史性与时代性相结合，通过故事来讲述科学发现的真实历史条件和科学工作的艰苦性。本书中介绍了科学家们独立思考、敢于怀疑、勇于创新、百折不挠、求真务实的科学精神和他们在工作生活中宝贵的协作、友爱、宽容的人文精神。使青少年读者从科学家的故事中感受科学大师们的智慧、科学的思维方法和实验方法，受到有益的思想启迪。从有关人类重大科技活动的故事中，引起对人类社会发展重大问题的密切关注，全面地理解科学，树立正确的科学观，在知识经济时代理智地对待科学、对待社会、对待人生。阅读这套丛书是对课本的很好补充，是进行素质教育的理想读物。

读史使人明智。在历史的长河中，中华民族曾经创造了灿烂的科技文明，明代以前我国的科技一直处于世界领先地位，涌现出张衡、张仲景、祖冲之、僧一行、沈括、郭守敬、李时珍、徐光启、宋应星这样一批具有世界影响的科学家，而在近现代，中国具有世界级影响的科学家并不多，与我们这个有着13亿人口的泱泱大国并不相称，与世界先进科技水平相比较，在总体上我国的科技水平还存在着较大差距。当今世界各国都把科学技术视为推动社会发展的巨大动力，把培养科技创新人才当做提高创新能力的战略方针。我国也不失时机地确立了科技兴国战略，确立了全面实施素质教育，提高全民素质，培养适应21世纪需要的创新人才的战略决策。党的十六大又提出要形成全民学习、终身学习的学习型社会，形成比较完善的科技和文化创新体系。要全面建设小康社会，加快推进社会主义现代化建设，我们需要一代具有创新精神的人才，需要更多更伟大的科学家和工程技术人才。我真诚地希望这套丛书能激发青少年爱祖国、爱科学的热情，树立起献身科技事业的信念，努力拼搏，勇攀高峰，争当新世纪的优秀科技创新人才。

目 录

引　子

　　朋友，当你漫步在校园里，被收音机里悦耳的音乐所陶醉的时候，当你坐在轿车里与异国他乡的客户洽谈生意或遥控着证券股票交易的时候，当你给天涯海角的亲友发去生日贺电的时候，当你在舒适安逸的家中被一场精彩的足球比赛扣紧心弦的时候……你是否意识到你是生活在"电磁波"的海洋之中？你是否意识到"无线电"给你丰富多彩的生活带来了极大的方便？

今天，"电磁波"、"无线电"这些名词对大家来说是那么耳熟，然而就在100多年前，它们对于人类还是一些陌生的新名词，在对它的认识过程中，有许多鲜为人知的故事。这些故事交织着科学与技术、意志与力量、战争与和平、正义与邪恶……

科学巨匠的功绩

　　人类从对电磁现象的初步认识至今，已经有2400多年的历史了，但是直至300多年前，人们还把电和磁看做是两个截然不同的独立的物理现象。19世纪上半期，人们才开始认识到电与磁有着内在的联系，从而产生了电磁学，并萌发了无线电电子学的概念。在进入电子技术时代的今天，人们不会忘记法拉第、麦克斯韦和赫兹等科学巨匠的名字。

法拉第（Faraday M，1791—1867）是一位贫困的铁匠的儿子，自学成才的英国物理学家和化学家。他12岁上街卖报，13岁到一家图书装订店当学徒。22岁时法拉第有机会听了伦敦皇家学会会长戴维的一次化学讲座，事后他把听讲记录寄给报告人，得到戴维的称赞，不久便成为戴维在皇家学院实验室的一名助手。1813年10月，法拉第随同戴维先后到法国、意大利、德国和比利时访问和讲学，受到了一次很好的锻炼。他经过艰苦的努力，于1825年任英国皇家学院实验室主任，1824年被选为伦敦皇家学会会员，还是法国科学院院士。

1820年4月，丹麦哥本哈根大学物理教授奥斯特（Oersted H.Ch，1777—1851）发现：把小磁针放在通电导线附近，磁针会出现偏转现象。这说明通电导线周围存在着磁场。奥斯特的发现动摇了

2000年来电与磁不相关的根深蒂固的旧概念。又过了10多年，1831年10月，实验物理学家法拉第发现了电磁感应现象：当导线在磁场中切割磁力线运动时，或者把一根磁铁插入由导线绕成的线圈中时，导线或线圈中就有电流产生。奥斯特和法拉第的发现说明：动电生磁，动磁也能生电。实际上，美国物理学家约瑟夫·亨利（Henry J，1797—1878）比法拉第早一年就发现了电磁感应现象，但他没有及时公布自己的发现，为此他很懊悔。在发现了电磁感应现象和电磁感应定律以后，法拉第冲破当时绝大多数科学家认为的超距作用（即电磁作用力的传递不需要任何媒质，也不需要传递时间，像万有引力那样是超距、超时作用力）的框框，认为电荷与电荷之间，磁极与磁极之间，通电导线之间，以及通电导线与磁场之间都是通过电力线和磁力线产生相互作用的。1832年，他曾大胆地提出了"电力和磁力是以振动方式传播"的理论。法拉第似乎还隐约感到有电磁波的存在，可惜这一极为珍贵的见解当时并没有公布于世，直到他死后63年，人们在整理他的1832年手稿时才被发现。

麦克斯韦（Jaines Clerk Maxwell，1831—1879）生于苏格兰爱丁堡一个名门望族，他出生的当年恰好法拉第发现了电磁感应现象。他的父亲是一位律师，但对科学技术十分爱好，经常带小麦克斯韦到爱丁堡皇家学会去听科学讲座，使他从小就受到了良好的科学熏陶。14岁那年他在爱丁堡中学读书时就发表了卵形曲线的绘制和数学表述的论文，为此获得了爱丁堡皇家学会的金质奖章，表现出了非凡的数学天才。中学毕业后，他去伦敦剑桥大学学习。1854年毕业于剑桥大学三一学院。他在物理上的最大贡献要算是在法拉第等人的基础上，创造性地系统地提出了电磁场理论，并预言了电磁波的存在。

早在1842年，美国的亨利在进行电学实验时，发现二层楼上产生的电火花竟能使放在一楼的指针磁化。只可惜他没有继续研究下去，错过了机会。

1853年，英国当时最负盛名的物理学家之一——威廉·开尔文（即威廉·汤姆逊，Thomson W. 1824—1907）发现：当莱顿蓄电瓶（莱顿瓶是马森布罗克在荷兰的莱顿城发明的储存电荷的蓄电瓶）通过一个串有线圈的回路放电时，放电电流的大小和方向做周期性的振荡变化。开尔文也触及到了电磁波的边缘，可惜他没有对这个现象作进一步探索。法拉第、亨利、开尔文的工作为麦克斯韦建立电磁场理论开辟了道路。

1854年，23岁的麦克斯韦刚从剑桥大学毕业，怀着对法拉第电磁学说的极大兴趣，开始着手用数学语言来描述法拉第的电场和磁场的力线概念。1855年，麦克斯韦关于电磁场理论的第一篇论文《论法拉第力线》发表。在这篇论文中，他首次对电磁场进行定量描述，为法拉第力线提供数学基础，并以此说明法拉第所发现的电磁感应现象。1860年秋，任伦敦皇家学院物理学和天文学教授的麦克斯韦，拜访了已70高龄的法拉第，当时麦克斯韦年仅29岁。这是两位巨人第一次相会，而且是一次十分有意义的会面。

"先生对我的这篇文章有何见教？"麦克斯韦向法拉第求教。"我并不认为自己的学说一定是真理，但你是真正理解它的人。"老人谦虚地回答，接着他说："这是一篇出色的文章……但你不应该局限于借用数学来解释我的见解，而应该突破我的观点！"他们在一起谈论力线、场、电磁现象和定律。老人语重心长地启发麦克斯韦要突破已有观念，建树新观点。这次会见使麦克斯韦信心倍增，并决心在电磁领域努力开拓。

过后不久，法拉第给麦克斯韦写了一封信，信中写道："当我看到给这个课题加上如此精深的数学时，起初把我吓了一跳，后来我却惊异地发现，这个数学加得很妙。"与法拉第的会见，使麦克斯韦翻然领悟："对！我不应停留在对前辈所创立理论的解释上面，而应该大胆地突破和超越前辈的成就，去开创电磁学的新理论。"正是在法拉第的启发和鼓励下，麦克斯韦迎来了电磁波的伟大发现。

1862年，麦克斯韦发表了电磁场理论的第二篇重要论文——《论物理的力线》，提出了"电磁场的力学模型"，并经过严格的数学推导，创立了一组说明电磁规律的数学方程式。在这篇论文中，他指出一切变化的磁场总要产生电场，从其方程式推得变化的电场也能产生磁场。只要在空间存在着不断变化的电场和磁场，那么就周而复始地电场产生磁场、磁场产生电场，变化的电磁场就会由近及远地传播出去，这就形成了一种特殊的波。麦克斯韦把这种波称作电磁波。这正如投石于静水，激起水分子上下振动，再带动邻近水分子上下振动，从而产生向外传播的水波一样。同时在这篇论文中，麦克斯韦指出光也是一种电磁波。

1865年秋，麦克斯韦的第三篇重要论文《电磁场的动力学理论》发表了。在论文中，他从场的观点出发，推导出八个严格的电磁场方程组，并且还得出了电磁波的传播速度等于光速的重要结论。之后，麦克斯韦潜心研究电磁学，于1873年发表了他的巨著《电磁学通论》。这本巨著，观点新颖，数学严密，是人类探索电磁规律的完美总结。它凝聚着奥斯特、亨利、法拉第等科学前辈们的心血，闪耀着麦克斯韦的光辉才华。理论物理大师爱因斯坦（Einstein A，1879—1955）说："法拉第和麦克斯韦的电磁场理论，是牛顿（Newton I，1642—1727）时代以来物理学最深刻的变革。"

赫兹吹响了冲锋号

　　麦克斯韦的电磁理论真正得到举世公认，还是在德国青年物理学家赫兹（Heinrich Rudolf Hertz，1857—1894）从实验上验证了电磁波确实存在之后。

　　1857年2月22日，赫兹生于德国汉堡，同麦克斯韦一样，其父也是一名律师，后来当了参议员，并领导汉撒同盟邑的司法局。其母是医生的女儿，家境比较富有。他从小勤奋好学，很喜欢物理学，动手能力较强，曾自制过光谱仪等，表现出非凡的技能和爱好。最初赫兹在私立学校学习，后来到市立学校学习，是班里的优秀生之一。除音乐外，他对各科课程都表现出出色的天资。他的意大利语、法语、英语、阿拉伯语学得都很好，并具有素描画家的才能。

1876年秋，19岁的赫兹作为工程部的大学生，应召在柏林的铁道兵团服一年兵役。20岁时在慕尼黑技术学院学习了一年，第二年考入柏林大学，后来成为亥姆霍兹（Helmheltz H.F.von，1821—1894）的得意门生，在亥姆霍兹研究所工作。在亥姆霍兹的关心下，他着手研究柏林哲学学会提出的电惯性实验问题，1879年取得成果，得到了学会发给的奖章。

1880年3月15日通过了博士论文《旋转球体中的感应》，并通过了课程考试，以"几乎在这些课程的所有方面都是知识非常丰富的"评语，获得了博士学位证书。

亥姆霍兹非常欣赏赫兹的才华，他把这位高材生安置在自己的研究所做一名助手。在两年半的助手期间，赫兹不厌单调的机械工作，经常是"一个接一个地钻孔，敲弯白铁皮，然后再花几个小时去油漆白铁皮"，自己动手制作大功率直流电源，创制测量仪表，如湿度表、电功率计等，体现了他在实验仪器方面的创造发明才能。

1882年冬，他赴基尔大学任数学物理讲师。这是一所学生不到几百人的小型大学，学生的求知积极性不高，他每次上课时只有6—8个学生，有几次竟下降到两个人，赫兹的情绪不是很好。然而正是在这期间，年青的科学家有相当多的时间去思考科学问题和研究科学文献。

1883年5月，他发表了辉光放电的论文。

1884年秋，他高兴地赴卡尔斯鲁高等技术学校应聘物理教授。

1885年3月，他迁居到卡尔斯鲁市。在生命的最后四年里，这里成为了他伟大发现的诞生地。

1886年夏季，赫兹结了婚，妻子是一位同事的女儿。在事业和家庭异常美满的时候，赫兹开始了他放弃了7年的实验研究——是否存在麦克斯韦所预言的电磁波。这也是7年前亥姆霍兹为他提出的一项柏林科学院悬奖课题，其主题是：绝缘体是否影响电动力学的过程？赫兹把其扩展到从实验上验证麦克斯韦所预言的电磁波的存在。他决心向这项高水平的科研题目挑战。

在进行放电实验时，赫兹发现在两个相互靠近的绝缘线圈中，有一个线圈发出了火花。赫兹认为这是电磁共振。经过反复实验，他终于创立了偶极天线的基本形式。这种天线至今仍用在超短波技术中。

1887年11月5日，赫兹给亥姆霍兹寄去《论在绝缘体中电过程引起的感应现象》的论文。在这篇论文中，他出色完美地解决了1879年科学院的竞赛题。指出绝缘体可成为电磁过程的场所，证实了法拉第和麦克斯韦的电磁作用观点。后来赫兹接二连三地做实验，又把沥青、纸、干木、砂石、硫黄、石蜡等制成厚板，并用橡皮槽盛45千克汽油分别放在感应器附近的不同位置进行观察。当时赫兹只能在课间休息时做那些基本实验，因为教室是他所能支配的房间中最大的空间。

谁能想象，从1886年底至1887年，赫兹就是在这样极其简陋的条件下进行了这一划时代的伟大实验的。

赫兹设计了一台电学仪器，仪器上的感应线圈C是一个特殊的变压装置，它可以把低电压变成高电压。与C相连的A和B是两个金属杆，上面各有两只闪亮的金属球，当两球之间的电压足够高时，空气被击穿，在两球间隙中发生火花放电。这是一台标准的电磁波发生器。在另一张桌上，立着一个装在绝缘架上的硬金属圆环，这是一个几乎闭合的简单圆环，对这个实验来说，这个圆环上的缝隙是整个装置的关键部分。如果赫兹推测的理论正确，奥秘就会从这里被揭开。一切都准备就绪，赫兹合上开关，两个金属小球之间电火花劈劈啪啪响了起来。赫兹赶紧转过头，仿佛看见一团微弱的辉光充满圆环上的缝隙。

是幻觉还是真的看见了辉光？他轻轻旋动缝隙旁的螺旋，推动圆环两端使其逐渐靠拢。间隔越来越小，同时辉光也似乎越来越亮……再接近些，再接近些……缝隙两端几乎碰到了一起，他的心也紧张得几乎蹦了出来……终于，赫兹松了一口气。

现在不会有疑问了：微小而清晰的电火花正横穿过金属圆环的缝隙。再重复一遍，结果还是一样。

就是用这种简单的方式，人类第一次通过实验有意识地检测到了一个无线电信号。赫兹这个划时代的实验，使法拉第、麦克斯韦等人的研究工作得到举世公认。但是赫兹深深知道，仅仅这一个实验还不够，因而他决定进一步做实验，证明电磁波具有像光一样的反射性能。

新的实验又开始了。赫兹在百忙中一遍又一遍地做着实验，但是一次又一次地失败了。问题出在哪里呢？赫兹苦苦思索着……

反射波，回声……

赫兹忽然想到自己儿时对着远处大山呼喊，

期待着回声反射时的情景……

"要捕捉反射波，这个房间太小了！"赫兹恍然大悟。

沉浸在对童年甜蜜回忆中的赫兹，不由自主地默诵起自己最喜欢的《可兰经》里的一句名谚：

"既然山不能向穆罕默德走去，那么，穆罕默德就应该向着山走去。"

这句谚语说的是这样一个故事：先知穆罕默德想要创造奇迹，他对信徒们说，要命令大山向他走来。结果大山没有走过来，他就走过去了。这一箴言告诉人们，要在自然界里创造奇迹，就要学习适应自然。

童年的回忆，开通了赫兹新的思路，"既然我们没有大房间，那么我们就应当改变反射波的波长"。

按着新的思路，赫兹调谐了电磁辐射源的内

部要素，加大了每秒振荡的次数，实验终于成功地证明了电磁波具有光一样的反射性能。赫兹乘胜前进，又悉心地研究了电磁波的折射、干涉、偏振和衍射等现象，并进一步证明了它们的传播速度等于光速，使他成为世界上第一个证实光从本质上说也是一种电磁波的人。

1887年，当赫兹证实电磁波存在的实验完成后，他又开始了电磁波传播特性的实验研究。

赫兹发现，电磁波可以毫无困难地越过墙壁，但却通不过一块薄薄的金属片；通过抛物面反射镜，可以将分散的电磁波会聚在一起，从而得到能量集中的电磁波，这与探照灯的光束十分类似。

赫兹写出了关于电磁波传播特性的实验报告。他通过改变电磁波发生器中变压器次级线圈的匝数，获得了不同波长的电磁波。

他发现：不管电磁波的波长多么不同，它们

的传播速度总是相同的，并且等于当时从实验上测得的光的传播速度。1888年1月，他完成了《论电动效应的传播速度》论文，证实了20年前麦克斯韦预言的"光波是电磁波的一种"，从实验上揭示了光与电的内在关系。

赫兹的实验研究具有深远的历史影响，至今仍闪烁着其耀眼的光辉。今日的巨型射电望远镜，仍显现着赫兹在小小实验室制作的抛物镜的原理。正是由于他的工作成果，导致了电磁波应用的开发和无线电技术及无线电电子学这一新领域、新学科的创立。

赫兹的发现公布以后，犹如在物理学上空响起一声惊雷，全世界的科学家立刻行动起来。从那时起，物理学家们对这种无形的波动感到十分好奇，表现出对电磁波研究的浓厚兴趣，很多人都转向了赫兹的实验，人们不再怀疑电磁波的存在了。

一些有远见的科学家意识到赫兹对电磁波的发现，不但在理论上有重大意义，而且在实用上也有很大的价值。工程技术人员更是被赫兹波（当时电磁波被人们称为赫兹波）吸引住了。

赫兹的伟大发现，吹响了开发电磁波应用的进军号。怎样利用这种奇妙的"赫兹波"呢？1888年，很多人都在考虑这个问题。

1889年，德国一个不太出名的工程师胡布尔，提出了利用赫兹波来进行无线电通信的设想。胡布尔是赫兹的好朋友，他对自己的设想在技术上能不能过关没有把握，就写信给赫兹征求意见。

赫兹和麦克斯韦一样是搞理论物理研究的。他探测电磁波的目的，是为了检验麦克斯韦的理论，对电磁波能不能在实际中应用考虑不多。他在给胡布尔的回信中说："如果要用电磁波来进行无线电通信，大概得有一面像欧洲大陆那样的巨型反射镜才行。"很遗憾，有着伟大发现的赫兹，没有看到另一个伟大设想的价值。在当时，这个回答等于否定了胡布尔的设想。实际上，对电磁波能否获得实际的应用，绝大多数人都持怀疑或否定意见。

然而，电磁波传递信息的现象在个别场合早已表现出来了，只是没有引起人们足够的注意而已。1884年，美国发生了这样一件事：在离地面24.4米高的架空电话线上，有人惊异地收听到了通过埋在地下的绝缘导线拍发、报道的新闻稿电文。这是由于埋在地下的电报电路辐射的电磁波传播到了架空电话线的缘故。这是一种感应通信方法。1892年，英国的普利斯爵士曾应用这种方法把电文发送出去，通信距离达5千米左右。

1894年，36岁的赫兹不幸在外科手术中死去。后人都为他英年早逝而感到无比惋惜！

赫兹的一生虽然短暂，但是他发现了电磁

波，还发现了"光电效应"，他在物理学上的功绩是永垂不朽的！

可敬的先行者们

　　赫兹的天才实验，给无线电发明家们开辟了广阔的道路。自从1837年莫尔斯（Morse S，1791—1872）发明了有线电报机以来，到1850年左右，美国电报线路网已经扩展到数百个村镇和城市。1866年，大西洋海底电缆接通，莫尔斯电码在欧美两大洲之间往返不息。1876年美国发明家贝尔（Bell G，1847—1922）发明了电磁电话机，到1888年，数百万台电话机已经响起了悦耳的铃声。尽管有线电报和有线电话为人类的活动带来了极大的方便，但是在通信事业的发展上仍有许多问题需要解决。一方面设置电缆线路旷时费资，另一方面有线通信还不能满足人们的需要，例如如何与正在航行的船舶、正在飞行的飞机、正在奔驰的火车进行通信联系，况且只要线路一出故障，有线通信就无法进行。为此有些人曾试图用大地和水来传递信息，但实验都没有成功。这样就很自然地促使一些人萌发出利用电磁波传送信息的念头。历史在等待着顽强的实践家去打开电磁波应用的大门。在1888年以后的几年时间里，探索"赫兹波"的应用成了最激动人心的课题。各国研究用电磁波传送信息的人很多，这些可敬的先行者，为"赫兹波"——电磁波的应用作出了不朽的贡献。

在研究电磁波的群英中，法国物理学家布兰利（Edouard Branly，1844—1940）第一个取得成果。布兰利是法国巴黎天主教学院理学博士、医学博士和物理学教授。在1888年至1890年间，他在重复进行赫兹实验的时候，无意中发现赫兹波使一个玻璃管里的铁屑（铜屑或铝屑）的电阻减小了，因而电导率大大增加。这个"铁屑效应"的发现对他很有启发。于是，他就根据"铁屑效应"的原理，来改进赫兹的接收器。现在看来，赫兹检测电磁波的电波环确实过于简单，它实际上只相当于一个单匝线圈。电波环在感应到电磁波的时候，灵敏度是很低的。因此，赫兹的实验只能局限在实验室里。布兰利对赫兹的接收器改进之后，制成了金属屑检测器。他把装有细铁屑的玻璃管两头，各装置了一个金属电极。在没有电磁波的情况下，玻璃管里的铁屑是松散的，不能导电；当电磁波辐射到接收器上的时候，玻璃管里的铁屑被磁化而粘到了一起，就能通过电流，比较好地起到检测电波的作用。1890年11月24日，布兰利向科学院呈送了他制作的金属屑检波器。当时他称它为"无线电导体"，英国人奥利弗·洛奇（Oliver Lodge，1851—1940）把这一装置定名为金属屑检波器，这一名称一直流传至今。同年，他使用金属屑检波器，使电磁波的探测距离增大到140米，可在一定距离之外激励电铃或继电器，还能击发手枪。1940年他的击发手枪被德国人没收。

1894年，英国皇家学会会员、伯明翰大学教授洛奇，对布兰利的发明进行了改进。这个面貌和善、长着络腮胡子的洛奇教授，与赫兹及世界上第一个成功地铺设大西洋海底电缆的开尔文都是朋友，他早年就对电磁波有相当的研究。

在实验过程中洛奇发现，金属屑受电磁波作

用黏结以后，总是不能恢复原来的松散状态。为了解决这个问题，他专门设计了一个机构，能够自动敲击玻璃管，使金属屑及时恢复原状。洛奇把金属屑检测器、继电器、电铃和打字机等连接起来，组成了一台接收机。利用这些改良的装置，洛奇在相距几百米远的地方成功地进行了莫尔斯电码的无线电传送。洛奇的检波器在早期的无线电研究中发挥了巨大的作用，他首先提出了调谐这一新概念。接收某台发射机的信号时，接收机必须调谐于发射机的频率。在电台普及后，调谐成为选台时必不可少的手段。

洛奇的教学工作很忙，没能把自己的研究进一步用在无线电报方面。但是，他在牛津皇家学会的会议上，在伦敦大学和利物浦大学的讲坛上，他都多次作了关于检测电磁波的讲演，有力地推动了无线电的研究工作。

1894年，在洛奇进行电磁波实验的同时，远在太平洋新西兰岛上的坎特伯雷学院一个四年级的大学生卢瑟福（Rutherford E，1871—1937），也在改进布兰利的检波器。

卢瑟福当时23岁，正在准备理科学士的学位考试。坎特伯雷学院尽管设备简陋，但是要求很严格，学生要通过学位考试，一定得写出有独创见解的论文才行。年轻的科学家选中了一个和他一样年轻的课题——《赫兹波的研究》。这位才华横溢的青年学者在破旧不堪的地下室里发明了别具一格的磁性检波器。在实验中，他对布兰利的检波器不太满意，就动手进行了改进。这是一个中心放着一束磁化过的细钢针的线圈，当电磁波到达线圈的时候，线圈的感应作用可以使钢针暂时失去磁性，这样就达到了检测的目的。卢瑟福的磁性检波器比布兰利的金属屑检波器灵敏度高得多。

1894年的《新西兰协会学报》发表了卢瑟福的研究论文《用高频放电法使铁磁化》。这篇论文引起国内外科学界的注意，卢瑟福因此获得了理科学士学位。这一年卢瑟福还在一座18米长的工棚里进行了电磁波收发报表演，有人将这次表演称作"越过新西兰上空的第一份无线电报"。卢瑟福比洛奇小20岁，当时很多人都认为他最有希望发明无线电。但是1895年他获得了去英国深造的奖学金，在剑桥大学，受到首届一指的原子物理学家约瑟夫·汤姆逊（Thomson J，1856—1940）的影响，改变了研究方向，后来成了杰出的原子物理学家。

　　美洲大陆在发明无线电上也不甘落后。1893年，纽约一位面庞清瘦、目光炯炯有神的中年电学家特斯拉（Croate Nicolas Tesia，1856—1943）发表了电磁波接收的调谐原理，并用无线电波遥控远处的电灯开关。特思拉是南斯拉夫人，20多岁时发明过感应电机，在欧洲找不到支持者，就变卖了自己所有的财产作路费，于1884年来到了美国。他博学多才，思路敏捷，朋友们称他是"当代的达·芬奇"。在赫兹发现电磁波的那年，特斯拉倡导使用交流电，掀起了电气事业上的一场革命，并且战胜了主张使用直流电的对手、赫赫有名的爱迪生（Thomas Alva Edison，1847—1931），成为交流电和高压变流器的奠基人。1893年前后，特斯拉又对无线电传送信息发生了兴趣，做了很多关于遥控方面的试验，比如点燃远处的电灯、驾驶快艇模型等。他的大部分研究工作是在美国进行的，主要进行无线电波传输的研究。1900年，特思拉曾进行过横跨大西洋的无线电通信实验。由于经济原因，这次实验失败了。他所有这些实验虽然对后来的一些无线电发明家没有直接的影响，但却预示了无线电广播和新闻传真的可能性。同洛奇一样，他也是调谐的创始人之一。

在探索赫兹波的应用、向无线电进军的行列中，除了布兰利、洛奇、卢瑟福、特斯拉这4位著名的先行者外，还有许多默默无闻的探索者。他们虽没有惊人的发现，但他们的每个微小的成功和失败都为后人提供了宝贵的经验。

在科学的征途中，谁不辞辛劳，谁就有希望达到终点；谁善于吸取和总结前人的经验，谁就能够得到成功。波波夫（I]onoB A.C，1859—1906）和马可尼（Marconi G，1874—1937），就是这样的佼佼者。

波波夫脱颖而出

　　1859年3月，波波夫出生在俄国乌拉尔一个矿区的小镇上。父亲是一个牧师。波波夫小时候很顽皮，也很聪明。或许是由于他生长在矿区的原因，从小他就对矿上的一切非常感兴趣，爱和矿工的孩子在一起，爱到矿上去玩，矿场的一切都使他感到新奇。他心灵手巧，没多大就学会了木工，甚至还制作出了好玩的水磨机械模型。

12岁那年，波波夫表现出对电工技术的特殊爱好，自己做了个电池，还用电铃把家里的钟改装成闹钟，从小就表现出了非凡的实践技能。有一次他爸爸问他长大了做什么，波波夫不假思索地说："我要做一名矿工。"他的回答令父亲十分失望。小学毕业以后，父亲把他送进神校读书，因为他父亲是位神甫，在神校读书是不用花钱的，父亲希望他将来能进神学院深造。但波波夫对数学和物理学感兴趣，这两门功课的成绩都非常出众，连神校的校长都感到十分惊异。他在教会学校毕业后，又进入彼尔姆斯克教会中学学习。在教会中学，他仍然挤出时间学习自然科学，在数学物理方面成绩尤其突出，为此，同学们都称他为"数学家"。中学毕业后，由于对自然科学的极大兴趣，他拒绝了神甫的职位，参加了大学招生考试。

1877年，18岁的波波夫考进了彼得堡大学数学物理系。在大学里，他学习非常刻苦。家里供不起他上学，他就在晚上担任家庭教师，有时还给电灯公司当电工，靠半工半读来维持学习。

　　在彼得堡大学，波波夫总是不满足于课本知识，经常翻阅各种科技书籍和数学物理资料。常常向教师提出一些问题，尤其爱提一些新奇的有创见性的问题。那些平庸死板的教授并不喜欢这个"不安分守己"的学生。波波夫意识到在彼得堡大学不能发挥自己的才能，就转到森林学院去学习。这个学院虽然不像彼得堡大学那样有名，但师生关系融洽，学术思想比较活跃。波波夫在这里曾有一段时间热心地研究使用炸药。这是一项很危险的研究工作。瑞典著名科学家诺贝尔（Nobel A.B，1833—1898）为发明炸药曾经九死一生，诺贝尔的弟弟就是在试验中被炸死的。波波夫试验在森林里用炸药开路，也险些送命。后来，他试验用电线遥控炸药的爆炸，相当成功。因此，同学们都把他叫做"炸药专家"。

1882年，23岁的波波夫大学毕业，被喀琅施塔得海军水雷学校请去当教员。这个学校离彼得堡不远，有很多精密的电学仪器，学校的实验室在当时的俄国是数一数二的。他在水雷学校除了教学任务以外，还领导学生进行有关电磁方面的研究。波波夫到水雷学校不久，就成了很受欢迎的讲师。他充分利用学校的良好条件，在数学和电磁学方面积累了丰富的知识。他在当时刚兴起的电工领域初试自己的才能，结果在1883年，发表了电机原理研究的第一篇论文。在这里，波波夫很有声望，大家都知道他是著名的电工专家，是个谦虚、勤奋、学识渊博和多才多艺的好教师。他在水雷学校任职时还兼任过电气公司的电气技师，热情推广电灯。有一天一个朋友问他的雄心是什么，他回答说："我要走遍俄罗斯，为整个俄国带来光明。"

1888年，波波夫29岁时，赫兹发现电磁波的消息传到了俄国，他被赫兹的伟大发现强烈地吸引了。他兴奋地说："用我一生的精力去装设电灯，对广阔的俄罗斯来说，只不过照亮了很小的一角，要是我能够指挥电磁波，就可以飞过整个世界！"从此，波波夫的理想改变了，他坚定地确立了"用电磁波进行无线电通信"的研究方向。

就在第二年，波波夫成功地重复了赫兹的实验。万事开头难，开始实验时他所遇到的困难是难以形容的。由于他那雄厚的电工基础和熟练的实验技能，在水雷学校的实验室里，他夜以继日地勤奋工作。1889年，在一次公开的讲演中，他继胡布尔之后，提出了可以用电磁波进行无线电通信的设想。

波波夫怀着新的理想，在水雷学校实验室里埋头研究，制作了很多有关的仪器。布兰利、洛奇的研究工作对他都有不同程度的启发。

1894年，35岁的波波夫终于制成了一台无线电接收机。

这台接收机的核心部分，用的是改进了的金属屑检波器，跟洛奇的检波器有异曲同工之妙。不过波波夫认为使用打字机不方便，便改用电铃做终端显示，因为电铃的小锤可以把检波器里的铁屑振松。电铃用一个电磁继电器带动，当金属检波器检测到电磁波时，继电器接通电源，电铃就响起来了。

这台检波器同洛奇的那台相似，但是灵敏度却高得多。波波夫的独特贡献是首次在接收机上使用了天线。事情是这样的：有一次，波波夫在实验中偶然发现，接收机检测电波的距离比平常有明显增加，他立即寻找原因。反复找了多次，都找不到原因，他感到很奇怪。后来，他突然看见一根导线碰到了金属屑检波器，他把导线拿开，电铃就不响了，可是把实验距离缩小到原来那样近，电铃又响了起来。这个意外的发现，使波波夫喜出望外，他索性把导线一头接到金属屑检波器上，并把检波器的另一头接地，结果检测电波的距离大大增加。这根导线就是世界上的第一根天线，由一定尺寸的导线构成的天线可增大电波传输的距离。波波夫的这一发现意义很大，同布兰利发明金属屑检波器的价值不相上下。

波波夫把他的接收机首先用在检测雷电方面，他把这台装置称作"雷电记录仪"。也就是说，波波夫当时的实验只局限于气象观测，还没有发展到无线电通信领域。他的这种实验是相当危险的。一个多世纪以前，富兰克林（Benjamin

Franklin，1706—1790）曾冒着生命危险做人工传导天电的实验。俄国科学家利赫曼（1711—1753）曾为此献出了宝贵的生命。现在，波波夫也勇敢地同天电打起交道来了，只不过他用的不是风筝，而是他自己发明的接收机。他把莫尔斯电报机接在他的装置上，电报纸条成了他的记录器。由于没有大功率发射机，这个仪器只能用来接收30千米内的雷电放电信号，但这已能给当时的气象预测带来实际好处。仪器能"感觉到"几千米以外发生的雷电，从而预告雷雨天的来临，1894年6月一个雷电的夜晚，波波夫冒着生命危险，用他的接收机成功地记录下了空中的雷电。

1895年5月7日，波波夫在彼得堡俄国物理化学会的物理分会上，宣读了论文《金属屑同电振荡的关系》，并演示了他的无线电接收机。

演示是在一个大厅里进行的，大厅的讲台上

安放好接收机，他的助手雷布金在大厅的另一头操作火花式电磁波发生器。雷布金比他小5岁，人很精干。波波夫的接收机由金属屑检波器、电铃、继电器、记录器和一根垂直的天线组成。当雷布金接通火花式发生器的时候，接收机的电铃立刻就响了起来；断开电路，铃声也就随着停止。当时，出席会议的都是物理学界的知名人士，其中有的人思想保守，原来不相信电磁波能够传递信号，这次耳闻目睹，不由得不信服了，一个当初抱着反对态度的科学家还上台同波波夫握手，表示祝贺。

演示结束后，波波夫充满信心地说："最后，我敢于表示这样一个希望，我的仪器在进一步改良之后，就能凭借迅速的电振荡进行长距离通信。"几十年以后，前苏联政府把这一天定做"无线电发明日"。

1896年1月，俄国物理化学协会刊物《电》1

月号发表了波波夫的文章，介绍这次表演的情况，立刻引起了全世界学术界的关注。

不久以后，波波夫用电报机代替电铃，做接收机的终端，他的装置就成了一台地地道道的无线电发报机。

1896年3月24日，波波夫和他的助手雷布金在俄国物理化学协会的年会上，正式进行了用无线电传送莫尔斯电码的表演。在场观众有1000多人。

表演的时候，接收机装设在物理学会会议大厅里，发射机放在附近森林学院的化学馆里。雷布金拍发信号，波波夫接收信号。

波波夫当场演示了经过一定程度改进的接收机的新功能，把世界上第一份无线电报从一幢房子传送到相距250米的另一幢房子。俄国物理学家、杰出的科普作家和教学法专家赫伏尔松曾这样描述现象的情况："无线电讯是这样传送的：把字母译成莫尔斯电码传送出去，发射信号的声音清晰可闻。协会主席彼得鲁雪夫斯基教授手拿莫尔斯电码索引和粉笔站在黑板旁边。每发出一个符号，他就看一眼索引，然后在黑板上写下相应的字母。黑板上渐渐地出现了'海因里希·赫兹'的名字，而且是用拉丁字母拼写的。当这两个词拼成时，无数在场者的欢乐和对波波夫的欢呼声是很难用笔墨形容的。"

这份电报虽然很短，却是世界上第一份有明确内容的无线电报。它表示了波波夫对赫兹这位电磁波的伟大发现者的崇敬。

波波夫的成功，预示着人类通信史上的一个新纪元即将到来！

马可尼崭露头角

　　波波夫表演无线电收发报不久，意大利22岁的无线电发明家马可尼踏着晨光，登上了开往英国伦敦的邮船。这个发明家容貌清秀，显得有点腼腆，好像是个怕羞的姑娘。他小心翼翼地守着一只大箱子，寸步不离，就像里面装着无价之宝一样。

　　邮船徐徐开出码头，马可尼望着意大利海岸

消失在身后，他心怀惜别之情，又无比兴奋，他要去英国，他的发明就要见世面了！天边出现一片玫瑰色的朝霞，映照在蓝绿色的海面上，船头激起的浪花飞溅，"叭叭"的激水声夹杂在发动机"嘟嘟"的轰鸣声中……

马可尼思潮起伏，默默祝福着新的旅程。他充满信心，仿佛看见未来在向他微笑，向他招手。这个意大利青年发明家就这样踏上了新的征途。

马可尼出生在意大利北部的波伦亚城，父亲是个农庄主，母亲是爱尔兰一个贵族的后代，殷实的家境使他从小就受到良好的课程教育。马可尼天资聪颖，勤奋好学，尤其喜欢阅读物理学方面的书籍。赫兹发现电磁波的时候他才14岁。

马可尼16岁那年，有个叫李奇的老师送他一本电学杂志。李奇也在研究电磁波，对赫兹实验的原理和意义理解很深，无线电史册上记载着他的研究成果。马可尼按照老师的要求，仔细阅读了杂志上那几篇介绍赫兹实验的通俗有趣的文章。他激动万分，于是萌发了一个念头：电磁波在中间无任何联系的情况下，能从一个球跳到另一个球，那么是否能让它携带信息越过一片片田野，一座座城市，一个个国度，甚至一大洲、一大洋呢？这样可以不受电线、铁路的局限，不怕河流山川的阻挡，方便快捷地传递信息，那该多好啊！

在李奇的指导下，他在学校做了一些电磁实验。后来，他在家里也做起实验来。父亲看见儿子每天摆弄线圈、电铃和一些古怪玩意儿，很不以为然，由于母亲的庇护，马可尼才没有受到父亲的干涉。

第二年，马可尼17岁，他一面实验，一面大量收集资料。从布兰利、洛奇、特斯拉这些大师的研究成果直到一些不著名的人的文章，他都千方百计地找来阅读。马可尼钻研了整整一年，把这些伟大的先行者的见解和得失弄清楚以后，成了一个小专家。他决定把各家的长处综合起来，用在自己的装置上。

马可尼在波伦亚附近父亲庄园的楼上潜心实验，楼上有一张小长桌，推开桌子旁边的窗户，可以看到花园里的玫瑰和远处的群山。他在这张小长桌前渡过了少年时代的许多日日夜夜，经历了很多失败，父亲常常嘲笑他是个"不切实际的空想家"，但他毫不气馁。

1894年，马可尼20岁时终于取得了初步的成绩。他母亲观看了他的表演，只见他在楼顶小实验室里一按电钮，楼下客厅里便响起了一阵铃声，而令人奇怪的是阁楼与客厅并没有导线相连。母亲看儿子的研究有了成绩，高兴得嘴都合不上来。当晚她等丈夫一回到家就马上把他带上楼，叫儿子当场表演。父亲看到被自己嘲为"空想家"的儿子居然搞出点名堂来了，也很高兴。虽然他当时并没说什么，但从此以后，马可尼买试验器材就再也不用背着父亲偷偷向母亲要钱了。

第二年夏天，马可尼又把实验引到室外。他在庄园院子里竖起两根遥遥相对的短竿，短竿顶上都悬挂着铁皮罐头盒以及与其相连的导线，他自己则每天在这两根短竿之间来回奔跑，忙个不停。乡亲们对他的行为百思不得其解，有人嘲笑他："竿子上吊着铁盒子，简直和小孩子的玩具一样。"只有马可尼的心里非常清楚自己在做什么——让一根短竿发出的信号不经任何导线的连接传递到另一个短竿的接收装置那里去。他不理会人们的嘲笑，不断加大通信距离，终于在花园里进行了一次非常成功的电磁波传递试验，收到了几百米外拍来的无线电报。然而几百米的距离实在还是太短，他不断改进设备，可通信距离始终不能再加大。一天，他一直想到深夜，心中闷闷不乐，便顺手推开阁楼的窗户，只见银色的月光明亮地洒在花丛间，阵阵微风不时地送来清新的花香，远处时而传来狗的叫声。他在阁楼上来回踱步，苦思苦想着……

忽然他心头一亮："光波和电波都是波，月光从高处射下遍洒大地。如果把发射电波的导线升高，电波不也可以传得远些了吗？"就这样，马可尼与波波夫不谋而合，也发现了使用天线的奥妙。马可尼不断加高天线的高度，通信距离果然不断增加。到了秋天，他已经可以把电波的传递距离增加到2.7千米。他用的发射装置，是李奇改进的火花式发射机；接收机带着一根同波波夫的天线很相像的导线，其中金属屑检波器是洛奇改进过的那一种，另外还有电铃和电池。他把火花式发射机放在村边的小山顶，天线高挂在一棵大树上，接收机却安放在家里的阁楼。一个同伴给他当助手，在小山上发报，他在阁楼上接收，对方发送信号的时候，接收机的电铃能够清晰地发出响声，实验取得了成功。

马可尼渴望进一步进行试验，但由于缺乏经费，他给意大利邮电部写信，请求资助，但是没有得到答复。为了使无线电能够有实用价值，能够为人类服务，22岁的马可尼，告别亲人登上了新的征途。

马可尼踏上了陌生的英国国土。他不喜欢伦敦的浓雾和黑烟，也不习惯大都市的繁华与喧闹。这里没有地中海那种和暖、清新的空气，更没有意大利那种绮丽迷人的风光。但是他还是被伦敦吸引了，因为他是要在这工业发达、科学技术先进的国土上寻求发展无线电的机会，而不是来此观光旅游的。

1896年6月2日，到达伦敦不久，幸运的马可尼就取得了世界上第一份无线电专利。

逆水行舟，波波夫步履艰难

　　尽管波波夫旗开得胜，在1896年3月就拍发了世界上第一份无线电报，但是他的进一步实验工作却步履艰难。由于当时沙俄落后，抱残守缺，漠视无线电事业的发展，轻视科学家的作用，波波夫的发明没有得到政府的关心和帮助。波波夫第一次向政府有关当局申请实验经费，竟得到这样的批示：

"对于这种幻想，不准拨款。"唯有海军上将马卡洛夫认识到波波夫的发明有着不可估量的价值，一再坚持，奋力争取，政府才勉强拨下300卢布。波波夫在极其艰难的情况下，顽强地继续他的试验。

1897年春天，38岁的波波夫在喀琅施塔得停泊场进行无线电实验，可靠通信距离达到640米。

同年夏天，波波夫和助手雷布金分别在巡洋舰"阿非利加"号和教练舰"欧罗巴"号上进行无线电联系的实验，最大距离达到了5千米。这是一次著名的试验。

在试验过程中，波波夫和雷布金发现，每当"依利英中尉"号巡洋舰在"阿非利加"号和"欧罗巴"号之间经过时，通信都要中断一会儿，这表明"依利英中尉"号挡住了信号；换句话说，就是金属物体对电磁波产生了反射。波波夫预见到这个现象有重大实用价值，把它报告给了喀琅施塔得海军司令部。可惜他的报告没有得到应有的重视，又丧失了一次进一步发明的机会。

波波夫是强烈的爱国主义者。他在军舰上利用无线电通信的事传到西方国家后，许多国家的实业公司都愿以富有诱惑性的条件请他到国外去工作，而波波夫却用这样的话作为回答："我是俄国人，我的全部知识、全部劳动、全部成就，都是属于我的祖国——俄国的，我无权交给任何别的国家。我为自己是俄国人而感到自豪。如果我的同代人不能理解，那么我们的后代一定会理解，我对祖国的忠诚是多么的深切。我因新的通信工具是在俄国发明而不是在外国发明而感到无比幸福。"

30多年后，别的科学家根据金属物体对电磁波反射的原理发明了雷达。雷达的发现，首先揭开了人类电子战的序幕。在第二次世界大战中，英美以雷达的优势多次击败过希特勒的轰炸阴谋。雷达不仅在军事上有着重要的价值，在气象、天文、航天技术等方面都有着广泛的应用。

一帆风顺，马可尼后来居上

在所有发明家中，马可尼可说是比较幸运
的。在波波夫逆水行舟、步履艰难的时候，马可尼
却是一帆风顺。在1896年6月2日他的发明取得了
英国政府的专利后，专利局的官员还给了他一张名
片，介绍他去找英国电信总局的总工程师普利斯博
士。

普利斯是英国电信界的权威人士，1877年，他把刚刚诞生的电话从美国带到了英国。从1882年起，他就在研究感应无线电报。他的方法是通过信号电流从导线中流过所产生的磁场，在另一根不相连的导线中感应出同样的电流来。1885年，他用这种感应电流的方法，在相距400米的两条绝缘线路之间进行了电话信号传输。但是，由于增加传输距离的时候要求导线相应增长，其增长的距离甚至同传输距离相当，这就失去了"无线"的意义。

　　1896年初夏，马可尼刚到英国的时候，普利斯正在英格兰西部的布里斯托尔进行一次大规模的试验，想在英格兰和爱尔兰之间传送"感应电报"。一个星期天的夜晚，他分别接通了横跨英格兰和爱尔兰南北的两条主干线，构成两条巨大的平行线路，但是，无论是爱尔兰还是英格兰发出的信号，对方都没有收到，试验失败了。

普利斯辛辛苦苦研究了几十年，劳而无获，心中十分惆怅！

正在此时，普利斯从英国杂志《电气技师》上看到马可尼申请专利的简报，知道马可尼不是用电流感应的方法，而是用电磁振荡的方法发明了无线电报，他感到无比惊奇和欣喜。

普利斯急切地想要见到马可尼，可杂志上没有刊登马可尼的住址，他就派人到各个旅馆去寻找。

一天上午，一个提着大箱子的年轻人来拜访普利斯，普利斯像遇到久别的亲人一样高兴，接过马可尼的箱子，把马可尼拉进了屋子。两人进行了一阵热情的交谈之后，马可尼打开箱子，把收发报机拿了出来，请普利斯一一过目。他是那样地恭敬，就像一个小学生在请教老师指点习作一样。

普利斯发现马可尼的箱子相当笨重，里面的

部件也都不是什么新奇的东西，就幽默地说："人人都认识鸡蛋。只有马可尼把鸡蛋立起来了！"

这话源于一个典故。据说，航海家哥伦布（1435—1506）有一次出席宴会，为了回击一个大臣对发现新大陆的轻视，他顺手举起一个鸡蛋问大家："谁能在桌子上把它立起来？"满桌的王公大臣试了又试，都没有办法。哥伦布笑了笑，"啪"的一声略略敲破鸡蛋的一端，鸡蛋就稳稳地立在桌上了。普利斯在这里借用这个典故，把马可尼比作发现新大陆的英雄，足见对其评价之高。

普利斯很赏识马可尼的才干，请他留在英国邮电总局做进一步的实验。

不久，马可尼在邮电总局大楼顶上和300米远的一座银行大楼之间成功地进行了实验。几个月以后，在普利斯的帮助下，马可尼在索尔兹伯平原进行了无线电信号实地收发实验，距离达到8千米。

说起这次实验，还有一段趣闻。

索尔兹伯平原发信号地与8千米之外的伦敦市内的邮电总局大楼之间地形复杂，无线电波要越过不少房屋、街道、树林、山冈，于是许多人就批评他们选错了实验地点，笑他们笨拙。更有甚者，伦敦的《标准新闻报》在事前曾刊登一篇社论，指责马可尼与普利斯说："马可尼这次从开兴顿通过伦敦市街，与邮电总局做无线电实验，实在叫人担心，怕的是途中的行人，或将受到电波的侵害，会变成瞎子、聋子而成残废。"并在报上说明了眼睛与耳朵的构造，最后得出结论说："若是害及行人，邮电总工程师是第一个不能逃避责任的，劝普利斯还是先到皇家学会去声明吧！"现在看来，这些责难是多么可笑！

1896年12月12日，伦敦科技大厅坐满了听众，德高望重的普利斯做完了关于无线电报的科普讲演以后，笑眯眯地拉出一位英俊、腼腆、略显清瘦的年轻人，这就是马可尼。普利斯把他介绍给大家，说他带来了一套新的电报装置，用不着导线就可以通过电磁波进行远距离通信。

马可尼从讲台下取出收发报机，这是两个大盒子，一个装着发射机，由电池、线圈和一对状似哑铃的赫兹振子相接构成，这是李奇的火花式发射机，它可以辐射波长1—1.5米的电磁波；另外一只盒子是黑色的，里面是带继电器的金属屑检波器，盒子外面有两条带状水平铜片，做接收天线用，盒顶装着电铃。

马可尼像个神秘莫测的魔术师，在大厅里令人眼花缭乱地忙碌着。他把两个盒子分别放在大厅的两角，并安装好其他器材，一个自告奋勇的听众当发报员。马可尼自己拿着接收机，当发报员上下按键时，马可尼前面的盒子立刻发出了响声。为了证明没有弄虚作假，马可尼举起盒子，在全场到处走动，每个观众都像观看一场无与伦比的魔术一样，报以热烈的掌声，整个大厅变成了热闹非凡的剧院。

"女士们，先生们！马可尼的无线电将改写人类通讯的历史，这将是通信史上的一场伟大的革命。"这位英国通信技术权威打着优雅的手势宣称。

普利斯就这样戏剧性地把马可尼介绍给观众，使他登上了英格兰的社会舞台，全英国的人都知道马可尼和他的无线电报了。

1897年春天，马可尼在英国西海岸南段的布里斯托尔海湾进行跨海通信试验，马可尼的发明有没有生命力，将由这次试验的结果来证明。普利斯对这次试验抱有很大希望，特地叫他的助手乔治·肯普来协助工作。

马可尼把发射机安装在拉渥洛克岸上的小屋里，高高的杆子竖立在小屋外，上面架设了金属圆筒形的天线。接收机开始放在海湾里的佛勒霍姆小岛上，接收天线也是金属圆筒形的，架设在高杆子上，与对岸的发射天线遥遥相对。收发两地相距4.8千米，已接近波波夫5千米的记录，结果通信效果良好。一个星期以后，他们又把接收机移至海湾对岸的布瑞当，收发距离增大到14.5千米，他们用两只覆着锡箔的风筝做收发天线，试验中天线可以升至49米高空。5月18日，无线电信号第一次飞过了布里斯托尔海湾，马可尼的发明又一次获得了重大成功。普利斯对这次试验结果非常满意，试验结束时他拍着马可尼的肩头表示祝贺，马可尼却谦虚地称赞肯普得力精干。为了帮助青年发明家取得更大的成功，普利斯当即告诉马可尼，可以把肯普留下。马可尼真是又兴奋又感激，从此马可尼有了终身的得力助手。

这次试验在人类无线电史上具有深远的意义。半个世纪后，英国政府在试验地点举行了一次隆重的纪念仪式，纪念人类第一次不用导线把信号传过了海湾。这时普利斯、马可尼、肯普都成了历史名人。政府官员和许多知名人士出席了纪念会，出席会议的还有肯普的儿子和当年的马车夫——一位84岁的老人马求斯。马求斯老人对记者说："现在我还记得马可尼年轻的面孔。我就是靠着这堵墙看着他和肯普准备试验的。马可尼非常专心地安放仪器，就像个将军指挥作战一样。我真没想到我能活到这一天，会看到这么多人到这古老的教堂来向年轻的意大利人致敬。"在教堂里，举行了纪念碑建成揭幕式。古铜色的纪念碑上这样写道：

在这里附近

无线电信号

第一次进行了跨海传送

试验人

古利埃尔莫·马可尼

乔治·肯普

在拉渥洛克和佛勒霍姆之间：1897年5月11日

在拉渥洛克和布瑞当之间：1897年5月18日

马可尼在英国得到普利斯的知遇，是他一生中最大的幸运，也是无线电的最大幸运。

普利斯身居英国电信界的领导地位，论研究无线电的资格，他比布兰利和洛奇都年长，但他从不骄傲。看到青年马可尼研究出自己多年没有研究出来的东西，普利斯由衷地感到高兴，却没有丝毫嫉妒。他不但鼓励年轻的马可尼，替马可尼做宣传，而且还设法为马可尼的研究争取政府的资助。这一切对马可尼产生了重大影响。

马可尼的成功还有一个重要的原因，这就是社会的原因。当时的英国正处于资本主义向帝国主义发展的时期，海外贸易很发达，无线电如果能够得到实际应用，就会大大促进英国的经济发展。同时，英国有重视技术、崇尚科学的优良传统，政府比较重视科学技术发明，有着完善的专利发明申报制度，所以马可尼的发明在英国一申报专利，就得到有关部门及有关人员的重视，政府乐于拨款资助他进一步试验。

与步履艰难的波波夫相反，马可尼则是一帆风顺。当波波夫处于缺少实验经费、相当艰难地在俄国黑海缓慢地把有效通信距离增加到17千米时，马可尼则幸运地得到了英国邮电总局提供的全部实验经费和所需各种物质，成功地实现了英法海峡——多佛尔海峡两岸的无线电报联络，把距离增大到了45千米，并于1899年3月利用这先进的联络工具首次营救了海上遇难者。1899年11月，当波波夫的工作终于被当局承认，在科特卡城和哥格兰德岛之间建立了40千米的第一条实用的无线电报线路，并成功地救援了触礁俄军战舰和遇难渔民时，马可尼已经使无线电通信距离增大到106千米。尽管波波夫比马可尼早一年取得成果，但其发展却很快落在了后面。

第一份收费的商用无线电报

　　一项发明，只有当它达到商业应用的水平才算有了价值。1897年，无线电跨海实验成功以后，马可尼开始了无线电的商业应用研究。他在英格兰南端怀特岛的艾伦湾建立了一座电台——尼特无线电站。电台完工以后，许多政府官员和社会名流都前去参观。一天，著名的开尔文勋爵来到这里。这位前几年还对无线电通信表示怀疑的大西洋海底电缆创始人，愉快地参观了尼特电站的机房，并给普利斯等老朋友拍发了无线电报。他给拉格斯哥大学物理实验室的电报这样写道：

"格拉斯哥大学物理实验室收。告诉普利斯，这是通过以太波（当时人们对电磁波的习惯称谓）从艾伦湾发到朴茨茅斯的商业电报，然后借助邮局的电报机传到格拉斯哥的。——开尔文"

拍完电报后，开尔文从衣袋里掏出一先令交给了电报员。在场的人都很诧异，电报员以为勋爵在开玩笑，硬是不肯收。

开尔文坚持要付，并笑着说，这是拍发电报的费用，它标志着商用无线电报的开始，是对马可尼通信装置的赞赏。最后，电报员郑重地收下了世界上第一份商用无线电报的拍发费用——1先令。

拍发这份电报的人正是长途有线通信的奠基人——开尔文，这显得意义更为重大。

1898年7月，马可尼的无线电装置正式投入商业使用，替爱尔兰首都都柏林的《每日快报》报道快艇比赛实况。同年12月，马可尼在南海岬灯塔和一艘灯船之间建立了无线电通信，援救了一艘搁浅的军舰，挽回了价值52000英镑的损失。第二年3月又营救了一艘遇难邮船，使遇难邮船上的全部人员获救。这是无线电首次为营救海难者立功。

1899年7月，马可尼的无线电装置首次在英国海军演习中使用，英国皇家海军舰艇"亚历山大"号、"欧洲"号和"女神"号都安上了马可尼的装置，演习中马可尼、肯普和另一名助手分别在这三艘战舰上工作，通信装置的使用非常成功。在演习中两艘军舰行驶到互相看不见的地方时，照样可以通信，这是一个重要的发现，它证明电磁波可以绕过地球本身的曲面进行传播，为进行跨洋洲际通信提供了有力的实验证据。

英国皇家海军对这次演习十分满意，随即同马可尼签订了合同，要他在第二年给英国海军的28艘军舰和4个陆上通信站安装无线电装置。这是马可尼的公司签订的第一个合同。同年9月，马可尼应邀访问了美国，他用随船携带的无线电通信装置报道了在美国领海的国际快艇比赛，引起了美国公众的极大注意。

特别是在纽约期间，马可尼偶然遇见了美国青年德福雷斯特（1873—1961），无意中撒下了新的发明的"种子"。若干年后，这颗"种子"开花结果，竟使整个无线电事业改变了面貌……

无线电波飞越大西洋

1899年对马可尼是大收获的一年。这一年，马可尼的装置创下了无线电首次营救海难人员的记录；这一年，马可尼的公司签订了第一个商业合同；这一年，马可尼把无线电通信距离增大到106千米，使无线电信号第一次突破了100千米大关，把波波夫远远地甩在了后边。但是，马可尼没有被这些胜利所陶醉，他把目光投向了辽阔的大西洋，渴望打开欧洲和美洲之间无线电通信的大门。

20世纪的第一个春天，马可尼准备实施自己雄心勃勃的计划，但是很多内行人都认为他的计划是很难实现的。首先，当时的无线电收发报装置还很原始，火花式发射机的电振荡是衰减的，没有功率放大输出；接收机的金属屑检测器是老式的，没有电子放大电路，也没有最基本的超外差接收方式。其次，英国和北美相隔太远，一般人当时认为电磁波只能像光波那样直线传播，不能绕过地球曲面传播到大西洋彼岸。赫兹曾经说过，要用电磁波来进行无线电通信，"大概得有一面像欧洲大陆那样大的巨型反射镜才行"。

马可尼能找到那样大的反射镜吗？根据1899年英国海军演习实验的经验，马可尼隐约觉得天空上就有一个巨大的电磁波的反射镜，电磁波有可能"绕过"地球曲面传到大西洋彼岸，他决心去探索！

为了实现越过大西洋进行通信的宏伟计划，马可尼做了大量准备工作。

1900年，他取得了无线电史上有名的调谐电路的专利，使接收机的灵敏度和选择性有了显著的提高。

同年10月，马可尼在普尔杜建立了世界上第一座大功率发射台，发射采用了当时世界上最大的发射机——10千瓦音响火花式电报发射机，同时配上了当时最复杂、最庞大的垂直天线阵。最初天线阵是由2000根60米长的金属杆围成的直径为45米的大圆柱网，周围还有许多固定的缆绳，十分壮观。可因为天线太高支撑困难，没过多久就被大风吹倒了。后来，马可尼对天线进行了重新设计，改用很多根垂直天线排成扇形天线阵，这样的结构牢固多了，抗风性能显著提高。马可尼用这些准备好的装置进行了演习试验，通信距离达到了322千米。

一切准备就绪，马可尼开始了征服大西洋的战斗。

1901年11月26日，气候寒冷，轮船的甲板上结着薄冰，马可尼同肯普及另一名助手乘"撒丁"号轮船从英国西部港口利物浦出发，向加拿大的纽芬兰挺进。

寒风袭来，波涛汹涌，站在甲板上的马可尼望着大西洋，心情久久不能平静。风浪险恶的大西洋航线，45年前，勇敢的开尔文劈风斩浪，曾沿着这条航线铺设了第一条大西洋海底电缆，今天，他就要沿着这条航线去完成人类通信史上又一伟大壮举。

12月6日，轮船到达大西洋彼岸纽芬兰的圣约翰斯港。为了选择理想的接收地点，马可尼和他的助手走遍了圣约翰斯海岸，最后选中了一座小山（后来被称为信号山）。这是一块可以俯瞰港口的高地，四面有天然屏障，可以阻挡大西洋的飓风，山顶上有一块大约8000平方米的平地，正好可以架设天线。近处有一座老式建筑，当时已改做了医院，马可尼在那儿选了间屋子安放好了接收机。在当地政府的热心支持下，仅用3天，实验的一切准备工作就都圆满完成了。

12月9日，他们在信号山开始工作，2天以后架设天线，马可尼决定用气球把接收天线升起来，天线很长很重，他们用了一个直径5米的氢气球，从信号山冉冉升起，大家都用期待的目光望着它，当气球升到约30米高的时候，忽然刮起一阵大风，气球被吹得跳起了摇摆舞，最后腾空而起，消失得无影无踪。

第二天风还没停，马可尼想起4年前，他曾用风筝在布里斯托尔海湾成功地进行了试验，他决定改用风筝。当天下午风筝赶制出来了，在一阵忙碌后，风筝牵引着天线升上天空，天线下端固定在一根粗大的电线上，风筝在大风里来回晃动，不久还是被制服了，天线被控制在220米左右的高空。

这是一个阴冷的日子，脚下的悬崖在海水的拍击下，发出雷鸣般的吼声，远山的轮廓在朦胧的雾霭中隐隐约约，海天相接处是波涛汹涌的大西洋，英国远在3000多千米的另一半球上，圣约翰斯港静静地躺在山边，沐浴在薄雾中。

在这个划时代的日子里，马可尼心潮澎湃，激动不已，他在日记中写道："关键的时刻终于到了，我为它做了6年艰巨的准备工作，各种指责和各种困难从来没有使我动摇过。我要检验我的理论的正确性，证明马可尼公司和我已经取得的300多种专利的价值。为了进行这次试验和在普尔杜建造

大功率无线电台，花费了几万英镑，这笔钱是不会
白花的。"

为了使接收效果更好，马可尼决定改用电话
机代替莫尔斯电码记录仪做终端，直接收听金属屑
检波器的输出信号。

1901年12月12日，预定通信的时间到了，大
家屏气敛息地等候着。大约中午12时，电报键忽然
发出了"滴答"声，信息来了！马可尼立刻抓起话
筒，紧张地听着，三个微小而清晰的"滴答"声在
马可尼耳边响起，啊！千真万确！这是从大西洋彼
岸传来的信号！无线电信号飞越了3000多千米。

马可尼简直不相信这是真的，他把话筒递给
旁边的肯普说："伙计，你听听看有没有什么？"
肯普接过话筒，贴在耳朵上，几秒过去了，他兴奋
地喊叫起来："信号！三点短码！"

在莫尔斯电码中，三点短码代表"S"这个信

号是预先约定的。现在，从普尔杜发来的"S"字母越过茫茫大西洋，被他们清晰地收到了！试验人员欣喜若狂。马可尼凝视着无边的大西洋，眼里闪烁着胜利的光芒，他确信，不用电缆进行横越大西洋通信的时代已经不远了。晚上，试验成功的喜讯由圣约翰斯城邮局用有线电报传遍了全球。

"S"信号越过茫茫大西洋，这是无线电技术取得的重大突破。它表明，只要建立起永久性的电台，洲际无线电通信就指日可待了。马可尼对此深信不疑。

为了向全世界表明这一点，马可尼又作了一次实验，确实的电报内容越过大西洋，传送到目的地。马可尼的预言变成了事实。

加拿大政府对这次成功的实验非常满意，特地拨款1.5万英镑，让马可尼在格拉斯湾建立一二个大功率的发射台。1902年12月，一个凉风习习的夜晚，相隔3000多千米的普尔杜台和格拉斯湾台开始试验通信。这是英国和加拿大之间第一次进行的洲际无线电通信，结果英国接收加拿大的信号非常清晰，而加拿大接收英国的信号则相对较差。这表明普尔杜台的发射功率还不够大。马可尼公司拨款予以改装，以后，两台之间的正式通信完全成功。第一份从加拿大拍往英国的正式电报是马可尼发给英国和意大利国王的。这表明了马可尼的胸襟，他忘不了生他养他的祖国意大利，他更是忘不了支持他事业的第二祖国英格兰。

德福雷斯特发明了 无线电的心脏

　　1906年春天，在美国纽约地方法院里，正在开庭审理一个荒唐离奇的案子。一位戴着庄严黑礼帽的法官用手举起一个里面装有金属网的玻璃泡，"指控"被告犯有故意欺骗罪——用这种"莫名其妙的玩意儿"行骗。被告是一个面色憔悴、神情疲惫、衣着破烂的青年人，他的名字叫德福雷斯特（Leede Forest，1873—1932）。

尽管站在被告席上，这位年轻人却从容不迫，他竭力争辩说，这个玻璃泡是他的新发明，可以把大西洋彼岸传来的微弱的无线电波放大。

案子审理的时间并不长，可却闹得满城风雨。然而当时谁也没有想到，这个"莫名其妙的玩意儿"竟是20世纪初最有伟大意义的发明——电子管。那个被告的青年，后来成为了举世闻名的电子管发明家，被尊称为"美国无线电之父"。

1873年，麦克斯韦的名著《电和磁》问世，德福雷斯特恰巧在这一年出生在美国伊利诺斯州，他的父亲曾在一所黑人学校当校长。当时美国种族歧视还很严重，不但看不起黑人，也看不起接近黑人的白人，因此德福雷斯特一家常常遭人们的白眼。父亲生性刚直，不让他和其他白人孩子玩，使他形成了孤独怪僻的性格。小德福雷斯特上小学时就被人看不起，老师认为他是班里的愚笨孩子，认为他的文笔和口才都显得笨拙。其实，小德福雷斯特很爱动手，自己常搞些小发明，他做梦都想着将来能成为一名机械技师。

后来，有两件事情对德福雷斯特影响很大，改变了他的理想，使他走上了充满奇想和坎坷的发明之路。

在上大学时，有一件事给刚刚20岁的德福雷斯特留下了很深刻的印象——他参观了1893年的世界博览会。这是一次奇妙的展览，9万盏电灯五颜六色，使人看得眼花缭乱，可是只用了12台发电机供电，是比爱迪生的发明还伟大的交流电！从此，德福雷斯特一改初衷，投身于电学的研究。

给年轻的德福雷斯特的一生最大影响的还是

马可尼的电报表演。

1899年深秋，马可尼应邀到美国，用他的无线电装置报导在美国领海举行的国际快艇比赛实况。马可尼在船上，5小时向海岸无线电站发了4000多字的消息，接着再从陆地上的电台用电报线传给《纽约先驱论坛报》，报导快速、及时，使美国的新闻记者叹服不已。

为了满足热情的美国无线电爱好者的好奇心，马可尼分别在美国军舰和岸上做了无线电通信表演。望眼欲穿的德福雷斯特为了看表演，天不亮就等候在码头上了。功夫不负有心人，幸运的德福雷斯特终于亲眼看到了马可尼的表演。

马可尼身穿细格外衣，头戴博士便帽，熟练地操作着电台。德福雷斯特目不转睛地望着他，恨不得自己上场试一试。表演结束后，他挤到收报机前，看了又看。当时他离马可尼只有两三米远。

马可尼正在同舰长说话，没有注意到他，马可尼的助手肯普注意到了德福雷斯特，并友好地打开发报机，让他看个究竟。

德福雷斯特感激地向肯普点点头，就聚精会神地看了起来，他的目光停留在一个装着银色粉末的小玻璃管上，他记起曾经读过的资料，就问肯普："这大概就是金属屑检波器吧？"

正在同舰长谈话的马可尼听到这句话立即转过头来，很有兴趣地看着德福雷斯特。德福雷斯特这时真是又惊又喜，激动地伸出手说："我叫德福雷斯特，无线电业余爱好者。"

马可尼笑着和他握手，诙谐地自我介绍："古利埃尔莫·马可尼，也是无线电爱好者。"

两个人就这样交谈起来了。德福雷斯特向马可尼请教了一些技术难题，马可尼都向他做了解答。他还向马可尼谈起自己3年来一无所获的苦恼，马可尼鼓励他说，也许是没有找到恰当的研究课题。

后来，马可尼指着金属屑检波器，对德福雷斯特说，要进一步增大通信距离，就非革新这种原始的检波器不可。马可尼万万没有想到，他的这一席话竟为日后播下了新的发明的"种子"。在回家的路上，德福雷斯特兴奋极了，他想，说不定我能完成这个使命！

就在马可尼离开美国不到两个月，德福雷斯特辞去了他的工作，在纽约泰晤士街租了一间破旧的小屋，潜心地研究起检波器来。研究工作是相当困难的，没有固定资金来源，经济上十分困难，试验设备也十分简陋，还要时常忍饥挨饿。无线电基础差，他就边学边干，多看各种资料，多听各种意见；没有耳机，他就一只手拿着听筒，一只手调节检波器。

　　然而，最难的是长时间出不了成果，屡次试验都未取得关键性进展，这要是遇上意志薄弱者也许早就退缩了。经过几年艰苦的摸索，德福雷斯特想到了用灯泡——真空管来检测电磁波。

　　1904年正当他的研究接近成功时，一个朋友带来了意外的消息，英国的弗莱明发明了真空二极管。这给了德福雷斯特很大震动，他迫不及待地找到了介绍弗莱明发明的文章，激动得双手直颤，兴奋和沮丧一齐涌上心头。这消息令他既兴奋又遗憾。兴奋的是弗莱明的发明证实了他的设想，遗憾的是自己的目标由别人实现了。他想起了10年前芝加哥博览会对他的鼓舞，想起了同马可尼难忘的会见，真是思绪万千。

　　他认识到科学发明是人类的共同事业，谁第一个发明真空管并不重要，重要的是它已经发明出来了。既然弗莱明已经打开缺口，为什么自己不跟着冲上去呢？想到这，他不气馁，进行着更高层次的试验。

一天，他在琢磨改进真空二极管时，突发一个奇想：在两个电极的基础上，再封进一个会怎么样？说干就干，在灯丝和屏极之间德福雷斯特封进了一个不大的锡箔。

奇迹出现了，只要在第三极上施加一个不大的信号，就可以改变屏极电流的大小，而且改变的规律同信号一致。这表明第3个电极对屏极电流起着控制作用，也就是说，只要屏极的电流变化比信号大，就意味着信号被放大了。

这个发现实在有惊人的价值，他沉住气，继续进行改进实验，最后终于发现用金属丝代替小锡箔，效果最好。于是就用白金丝扭成网状，封装在灯丝与屏极之间，这就是世界上第一只真空三极管。

经过反复试验，他发明的真空三极管能将微小电信号放大很多倍！用真空二极管代替金属屑检波器，无疑给无线电插上了翅膀，德福雷斯特终于完成了5年前在马可尼的提示下革新金属屑检波器的使命。

事实证明，科学发明的成功或者失败，并不完全在于起步的迟早，德福雷斯特虽然走在弗莱明的后面，但他不灰心，不放弃，结果后来居上，作出了更大的贡献。

不过，真空三极管并没有顺利地得到社会的承认。德福雷斯特发明三极管后，因为没有钱做进一步的实验，就带着自己的发明去找几家大公司，想说服老板给他资助。

由于他不修边幅，衣着破烂，公司大门的门卫怀疑他是个江湖骗子，报告了经理，经理也看他不像好人，不容分说便叫来几个彪形大汉把他扭送到警察局。年轻的发明家遭到了诬陷，但他并不畏惧，机智地利用法庭这个公开的讲坛，大力宣传自己的发明。

他充满信心地说："历史必将证明，我发明了空中帝国的王冠。"青年发明家的斗争终于胜利了，法院判他无罪释放。这场官司虽然荒唐，但却使德福雷斯特出了名。1906年6月26日，德福雷斯特的三极管获得美国专利。

这的确是场荒唐的审判，被告变成了主诉。这个被告不仅驳斥了法庭的起诉，还利用这个讲坛，对自己的发明大作宣传："女士们、先生们，大家不要小看这个玻璃泡，它可以把很小的电磁信号放大到连听力不好的人都可以听到的程度，像许多伟大的发明在开始曾招人误解一样，历史必将证明，我发明了无线电的心脏。"

的确，德福雷斯特的发明虽没有爱迪生那样

辉煌，到1961年他88岁逝世时，他也没有获诺贝尔奖，但他给无线电安上了心脏，为无线电事业开辟了更广阔的前景。

发明权的诉讼

在科学史上，一项重大的发明刚刚破土而出的时候，总要受到种种非难和各种各样的阻力；然而一旦这一发明有了成果，谁是真正发明者的争议就会接踵而来。无线电也是这样，当度过了艰难的探索，展现出灿烂前景的时候，是谁发明了无线电的问题就尖锐地提了出来。

　　1895年5月7日，波波夫在俄国物理化学协会物理学部年会上表演了"雷电指示器"实验，明确提出了"利用迅速电振荡来向远处发送信号"的设想。后来前苏联把这看成是无线电问世的标志，认为波波夫在发明无线电的过程中占有优先地位。1945年，前苏联政府决定，每年的5月7日为无线电节，以纪念这位俄罗斯的发明家。

　　1899年马可尼在怀特岛上播发了飞越英吉利海峡的第一份收费电报，后来西方国家许多人认为这是无线电正式诞生的标志，把马可尼看做是无线电的发明者。

　　在美国，长期以来，把德福雷斯特奉为"无线电之父"，因为这位比马可尼大一岁的美国发明家，对无线电通信也作出了不少贡献，他发明了无线电的心脏——真空三极管，研制了高效率的检波放大器，还是世界上第一个利用无线电话送话机的人。

在英国和德国，也有人把麦克斯韦和赫兹誉为开创无线电的人，因为他们分别预言和证实了电磁波的存在。

……

争论早在1896年就开始了。

有人不承认波波夫的工作，有人对马可尼的贡献提出非议，有人更看重德福雷斯特的工作，有人把功劳归于更早的先行者……

1896年7月，英国《电气技师》杂志刊登了马可尼1896年6月为关于发送电信号的方法及其设备的发明而申请专利权的简要报道。

1897年俄国《电气》杂志第13—14期针对马可尼的简要报道写道："我们想提醒读者，在1896年第13—14期的《电气》上曾介绍过波波夫的'用来探察并记录大气中的电振荡'的机器，我们把波波夫称为发明者，马可尼的继电器几乎完全是抄袭波波夫先生的机器；因此我们不能同意'马可尼先生发明了新的继电器'的说法。"

马可尼在英国取得了无线电发明专利权后，1897年他曾力图在俄国取得专利权，但没有取得成功。

几位无线电事业的先行者——布兰利、卢瑟福和洛奇，都对发明权抱着谦虚的态度；波波夫既肯定了自己的工作，又承认马可尼的贡献，同时也对马可尼提出了一点批评，他在发明权的问题上也是谦虚的，但是俄国政府却不讲"谦虚"。

1908年，俄国物理化学协会专门成立了一个委员会，对发明无线电优先权问题进行调查，为波波夫的发明权寻找依据。委员会向很多外国学者发信征求意见后，就宣布："波波夫理应被承认为无线电报的发明人。"马可尼的卓越贡献不是发明无线电，而是大规模地实现和发展波波夫所开创的事业。他们认为，是波波夫最早发明了无线电报。他们引证布兰利的话来证明这一点，布兰利曾说："无线电报实际上是从波波夫开始的。"

英国的学者们不服气，他们认为：瓦特虽没有发明蒸汽机，但他发明了在冷凝器里冷凝蒸汽，使造价贵的纽可门蒸汽机变成了实用的蒸汽机，最后导致一场工业革命；莫尔斯也不是第一个电报机的发明人，但他发明了莫尔斯电码以后，电报才成为广泛应用的通信工具。

同样，马可尼虽然没有在波波夫之前作过真正的无线电表演，但是他第一个使无线电走出了实验室，第一个让无线电信号飞越大西洋，第一个用无线电救助海难人员，第一个开创无线电商业服务，第一个使无线电变成真正实用的通信工具。世界公认瓦特发明了蒸汽机，公认莫尔斯发明了电报，也应该公认马可尼发明了无线电。

1905年，马可尼与德福雷斯特之间也因为无线电发明权问题展开了一场争论。马可尼无线电公司向当时的北美巡回法庭控告德福雷斯特无线电公司，最终以马可尼公司胜诉而结束。5月4日，在美国关于无线电发明权的诉讼中，北美巡回法庭判定马可尼是无线电发明者。判词写得相当精彩，后来成为无线电电子学史上著名的文献：

1887年，赫兹关于电磁波的新发现是空前的，它惊醒了全世界的科学家，因此，有人试图否认马可尼的伟大发明。实际上，9年过去了，没有一个人使电磁波得到实用或者取得商业上的成功，而马可尼却是第一个说明并用赫兹波成功地传送简单易懂的信号的人。

马可尼对于火花电报技术的贡献，可以这样来叙述：麦克斯韦和克鲁克斯（1832—1919）提出了用电击穿放电产生电振荡的理论；赫兹产生了这个振荡并说明了它的特性。洛奇和波波夫的发明只局限在讲演和局部实验的装置上，或是像雷雨观测这种不能实用的仪器。马可尼发现了把这些振荡转变成一定信号的可能，并且利用他自己手中的工具，结合别的实验室已经不用的仪器，做了一系列进一步的实验，经过不断的改进，终于使它的发明发展成为完善的系统，成功地用到商业上。

"别的发明者，在电学领域的大海中冒险向前，他们遇到赫兹波的浪潮却让它滚滚而去，并没有意识到这种新潮流会促进世界商场的货运或贸易。他们也曾经注意到能够揭示它的特性的现象，但是怀疑是否可能实现，并且担心在破浪前进中会遇到暗礁、海峡的阻碍以及搁浅的沙洲。马可尼敢于扬起风帆，到未知的潮流中去勘探，他第一个开辟了新的航线。"

资本主义社会的法庭的判决虽不一定准确，可能带有一定的倾向性，但庭长的这段判词却颇为风趣，耐人寻味，获得了大多数西方国家的公认。

1909年11月，35岁的马可尼因发明无线电的功绩而获这个年度的诺贝尔物理学奖。德国科学家布朗（1850—1918）与马可尼分享这个荣誉。这位出生在德国哈赛的科学家是阴极射线管的发明人，他发明的耦合电路、定向天线，对无线电信号的远距离传送起了很大的作用。

然而波波夫也是伟大的。他是第一个探索无线电世界的勇士，毕生为发展无线电事业而奋斗不息。只是由于沙皇的封建腐朽，他的事业没能得到应有的支持，只能步履艰难地奋斗。

1906年他不幸患脑出血突然去世，终年47岁。如果他能活到1909年，他也理应荣获这个年度的诺贝尔物理学奖（因为诺贝尔奖金只发给活着的科学家）。

直到20世纪40年代，国际上一些有影响的杂志还在争论无线电的发明权问题。

客观地说，无线电设想的由来和概念的提出，以及后来的反复实践与逐步改进，都经历了漫长的历程，许多人为此作出了贡献。

1864年，麦克斯韦从理论上预言电磁波的存在，昭示了无线电的发展道路，但他本人并未能亲自做出实验验证。

1887年，赫兹以光辉的实验证实了电磁波的存在，激起了人们利用电磁波的热潮，而他本人却否定了在实际中应用电磁波的可能性。

1890年，法国的布兰利发明了对无线电报通信至关重要的金属粉末检波器，但正如他自己在1892年所说的那样，他从未想过利用它来进行无线电通信。克鲁克斯虽然在1892年明确提出过利用电磁波进行通信的设想，但可惜他本人从未进行过实际的实验工作。

以马可尼和波波夫为代表的发明家，在前人工作的基础上以大胆的探索和实践精神，打开了电磁波应用的大门，开创了无线电通信的新技术。他们几乎是同时起步的，而且都取得了卓越的成就。虽然波波夫没有像马可尼那样成功地完成跨越大西洋的远距离通信试验，但他在改进检波器、制成复杂的收发两用的无线电台、发现电磁波的反射性等方面都作出了重大的贡献。

从1895至1901年这短短五六年的时间里，马可尼和波波夫相隔千里，各自独立地进行研究工作，并同时取得了重大突破。可以说，在开创电磁波的应用和发明无线电报通信方面，马可尼和波波夫都作出了杰出的贡献。

在肯定马可尼和波波夫巨大贡献的同时，还

要记住其他许多科学家光辉的名字。除了科学巨匠麦克斯韦、赫兹以外，布兰利、洛奇、卢瑟福等人都直接促进了无线电的发明，因为马可尼和波波夫的无线电收发报设备中的很多关键部件都是他们创造的。

溯本求源，还应提到美国的亨利、德国的亥姆霍兹、英国的法拉第和开尔文，他们发现了电磁感应和电磁振荡，为发明无线电报发送和接收设备奠定了雄厚的物理基础。

美国的德福雷斯特于1906年发明了能放大电信号的真空三极管，这对无线电的进一步发展起了难以估量的作用。但是应该这样说，是无线电发展的实际需要促使德福雷斯特去发明三极管的，而不是他发明了无线电。

总之，无线电的发明是时代的产物，是汇集了不止一代人的研究的成果，而不是一两个天才的独创；马可尼和波波夫是站在许多巨人的肩膀上才采撷到这颗明珠的。

立法成为海上航行的保护神

　　1909年1月，大西洋上发生了"共和国"号同"佛罗里达"号两船相撞的恶性事故。幸好船上安装了无线电台，由于及时呼救，才使所有乘客和船都幸免于难。

1912年4月10日，在数千人的欢呼声中，有"人类进步象征"之雅号的英国豪华邮轮"泰坦尼克"号在南安普敦港出发，开始了它横渡大西洋的首次航行。这艘长达267米的巨轮载着1348名旅客和864名船员，驶往大西洋彼岸的纽约。

"泰坦尼克"航行在烟波浩渺的大西洋上，船舱里不时传出舞会的音乐声与人们的欢笑声，欢声笑语洋溢在轮船的每一个角落。欢乐的人群哪里知道，死神正向他们走近。当"泰坦尼克"驶进纽芬兰南面的洋面时，航行在前面的"加利福尼亚"号发现险情，并向"泰坦尼克"号发出冰情警报。遗憾的是，恰好此时"泰坦尼克"号正在拍发一份私人电报而没有收到。深夜，当"泰坦尼克"发现险情时已来不及了，轮船被撞开一条长达百米的裂口，冰冷的海水像猛兽一样扑进船体，所谓"永不沉没的水上之城"此时也躲不过灭顶之灾。临危不乱的史密斯船长镇定自若地命令报务员发出求救信号，第一个回电的是一艘德国船，接着从纽约开出的"卡帕夏"也收到了信号。但都是相隔数十海里，远水解不了近渴。曾拍发过冰情警报的"加利福尼亚"号此时就停在大约10海里外的地方，但由于报务员不值班，没有收到"泰坦尼克"号的求救信号，导致了千余人葬身海底。从此，海上生命安全国际会议规定：凡5000吨以上的轮船必须安装无线电收发报机，实行24小时全天候的无线电信号监听。

现在无线电技术得到了长足的发展，它应用在各行各业，卫星、航海、气象、军事都广泛使用无线电。可以这样说，没有无线电，则一支舰队就不堪一击，一颗卫星也毫无用处……马可尼和波波夫在无线电技术上的伟大贡献改变了电信的历史，为人类的进步与发展开拓了一条金光大道。

1937年7月20日，63岁的马可尼因病逝世，在为他举行葬礼时，罗马有上万人走入送殡的行列。英国本土的无线电报和无线电话都静默两分钟，以表示对这位伟大科学家的敬意。

无线电通信技术的产生和发展，是人类进入信息时代的一个重要标志，为了纪念马可尼的伟大功绩，国际海上无线电协会的50多个成员国一致通过把马可尼诞辰的日子——4月25日命名为"世界海上无线电服务的马可尼日"。

世界五千年科技故事丛书